中国儿童核心素养培养计划

课后半小时

小学生阶段阅读

文化基础 ✕ 自主发展 ✕ 社会参与

学会应用

课后半小时编辑组 ▪ 编著

用知识让生活更美好

019

北京理工大学出版社
BEIJING INSTITUTE OF TECHNOLOGY PRESS

第 1 天 万能数学 〈数学思维

第 2 天 地理世界 〈观察能力 地理基础

第 3 天 物理现象 〈观察能力 物理基础

第 4 天 神奇生物 〈观察能力 生物基础

第 5 天 奇妙化学 〈理解能力 想象能力
化学基础

第 6 天 寻找科学 〈观察能力 探究能力

第 7 天 科学思维 〈逻辑推理

第 8 天 科学实践 〈探究能力 逻辑推理

第 9 天 科学成果 〈探究能力 批判思维

第 10 天 科学态度 〈批判思维

文化基础   **科学基础**   **科学精神**   **人文底蕴**

核心素养之旅
Journey of Core Literacy

中国学生发展核心素养，指的是学生应具备的、能够适应终身发展和社会发展的必备品格和关键能力。简单来说，它是可以武装你的铠甲、是可以助力你成长的利器。有了它，再多的坎坷你都可以跨过，然后一路登上最高的山巅。怎么样，你准备好开启你的核心素养之旅了吗？

第 11 天 美丽中国 〈传承能力

第 12 天 中国历史 〈人文情怀 传承能力

第 13 天 中国文化 〈传承能力

第 14 天 连接世界 〈人文情怀 国际视野

第 15 天 多彩世界 〈国际视野

第 16 天 探秘大脑 〈反思能力

第 17 天 高效学习 〈自主能力 规划能力

第 18 天 学会观察 〈观察能力 反思能力

第 **19** 天 学会应用 • 自主能力

第 20 天 机器学习 〈信息意识

学会学习

自主发展

健康生活

第 21 天 认识自己 〈抗挫折能力 自信感

第 22 天 社会交往 〈社交能力 情商力

社会参与   **责任担当**   **实践创新**   **总结复习**

第 23 天 国防科技 〈民族自信

第 24 天 中国力量 〈民族自信

第 25 天 保护地球 〈责任感 反思能力
国际视野

第 26 天 生命密码 〈创新实践

第 27 天 生物技术 〈创新实践

第 28 天 世纪能源 〈创新实践

第 29 天 空天梦想 〈创新实践

第 30 天 工程思维 〈创新实践

第 31 天 概念之书

中国儿童核心素养培养计划

课后半小时 小学生阶段阅读

文化基础 ✕ 自主发展 ✕ 社会参与

019

卷首

让知识为我们服务

相信你一定听过这样一句话：科技改变生活。

科学的大道上充满艰辛坎坷，一代代科技工作者的不懈求索，正是为了开创更美好的生活。

科技进步带来了全新的教育模式，学生获取知识的方式也不再局限于书本或课堂。通过视频直播等技术手段，打破了空间和时间的限制，为学习者极大地拓展了学习资源，也使教育资源更加均衡，同时，发展中的人工智能技术也有望为每个学习者制定因材施教的学习方案。科技使医疗水平不断提升，以往被认为得了不治之症的病患也有了治愈的希望，人均寿命大大提高，"人生七十古来稀"变成了"我今七十不为奇"。科技也塑造着我们的生活，智能手机、卫星导航、移动支付……对今天的人们来说，几乎如同阳光和空气一样习以为常而又不可或缺，生活也因此变得便捷而舒适。

受益于科学家和工程师孜孜不倦的探索，我们普通人将所学到的知识应用于生活，本着学以致用的精神，让知识为我们服务。物理学知识可以让我们想出许多事半功倍的小窍门；化学知识可以让我们了解物质的成分；生物学知识可以让我们更科学地看待身边的生灵；经济学知识可以让我们了解市场与经济的运行规律，树立更理性的消费观念……这时候，你会感到科学知识并不是藏在人迹罕至的象牙塔里，也不是少数人才能独享的专利，而是可以融入每个人的生活、服务于每个人的生活。

总之，科学技术的进步已经为人类创造了巨大的物质财富和精神财富。在日新月异的 21 世纪，科学技术将继续发展创造力，为整个人类文明作出更加巨大的贡献，也将为我们每个人的生活注入新的活力。

在本册里，我们将一起探索自然科学和经济常识是怎样为生活服务的，期待你能将更多的知识应用于自己的生活。

陈宏程
教育部课程教材研究所和人民教育出版社
新课程标准教材培训团专家

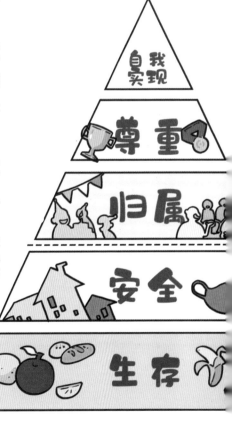

没有吸尘器该怎么办？

撰文：张婉月

打扫卫生时，特别让人头疼的往往不是大件的垃圾，

而是碎屑、尘埃、头发丝等极细微的垃圾，

得用吸尘器才能清除得干干净净。可是，在没有吸尘器的

情况下，也能顺利清除它们吗？

地上撒了一点土，用普通的扫帚扫起来。

好生气！总是有扫不干净的"漏网之鱼"！

▶延伸知识

谁发明了吸尘器？这个问题有多种说法，不过普遍认为世界上第一台吸尘器诞生于 20 世纪初，此时以电力技术为代表的第二次工业革命方兴未艾，各种各样的家用电器被发明出来，并逐渐普及千家万户。

这时候，有生活经验的人会在扫帚头上套一个塑料袋，这会有用吗，又是什么原理呢？

在扫帚头上套上一层塑料袋。

用这个新扫帚扫地，会有什么变化呢？

生活中的物理
——静电的妙用

撰文：硫克　美术：岩宝工作室

这样做是有用的，用套着塑料袋的扫帚扫地，细小的尘埃都仿佛被一股无形的力量吸引，纷纷"吸附"在了塑料袋上。这其实是"电"的功劳，不过，不是我们的电器平常用的电，而是"静电"。

i主编有话说

静电

静电是处于静止状态的电荷。那么电荷又是什么呢？继续往下看吧。

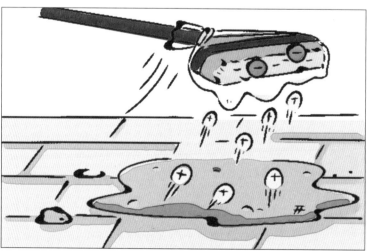

这得从微观世界的"分子"和"原子"讲起。

世界上的所有东西都是由分子和原子构成的。
比如，氧气是由氧气分子构成的。

氧气分子是由两个氧原子构成的。

中子不带电哦！

原子内部包含质子、中子和电子三种微粒。其中，质子和电子身上分别带着"正电荷"和"负电荷"。

我们是电子，我们身上带负电荷。

原子中的质子就像散发着香气的花朵，电子就像四处寻找花蜜的蜜蜂。

电子永远围绕着质子运动，就像蜜蜂总是围绕着花朵采蜜。

生活中的物理
——电荷与电场

撰文：孟宸

不过，蜜蜂总会被别处的花香吸引，就像原子中的一部分电子也会被其他物体所吸引，比如梳头发时的梳子和头发。

我吸引了一大群电子，所以现在我身上带负电荷！

我身上的电子都跑了，所以我带正电荷！

当两个物体发生摩擦的时候，电子会被其他更强大的质子吸引，纷纷投奔过去。

这时候，正电荷和负电荷之间会释放出光和能量，有时还会发出"啪"的响声。这就是静电的来源。

而静电之所以能吸引细小的物体,是因为"电场"的存在,只要有电荷,就存在电场;在电场中,正电荷和负电荷总是相互吸引。塑料袋在地上摩擦后,正、负电荷产生了强大的静电场,便将尘土轻松吸起来。这就是物理学知识为我们支的一个生活小妙招。

▶延伸知识

静电并不总是能"帮助"我们,对于石油化工企业来说,静电放电会引起火灾或爆炸。所以加油站等场所的工作人员,通常要求身穿可消除静电的特制服装。

生活中的化学
——氧化与还原

撰文：硫克　　美术：岩宝工作室

▌主编有话说

氧化反应

氧化反应是指物质与氧发生的化学反应，氧气在此过程中提供氧。物质与氧发生的不发光的、缓慢进行的反应叫缓慢氧化，如金属锈蚀。

雕塑早已成为装点城市的一道风景线，但疏于保养可能会让这道风景线失去原本的美丽。比如公园大门前的铜狮子，刚落成时威风凛凛，但一段时间后，铜狮子的表面褪去了亮丽的光泽，长满了绿痘痘似的锈迹。

这是因为铜受到了氧气分子、二氧化碳分子和水分子的"联合攻击"，发生了氧化反应，因而产生了铜锈。

既然化学反应让铜狮子生了锈，那我们是不是也可以用化学的方法帮铜狮子除锈呢？

当然可以！那就是让铜狮子"回炉"。这里的"回炉"可不是大费周章地熔化成铜水再重新铸造，而是让铜狮子和木炭在炉子里一起蒸高温"桑拿"，出炉后它便能光亮如初了——为什么木炭有这样的本领呢？

▶延伸知识

喷砂除锈也是生活中常用的除锈方法。它以压缩空气为动力，形成高速喷射束将石英砂或其他喷料高速喷射到需要处理的物体表面，以除去锈蚀。但这一过程里并没有新的物质产生，是一种物理方法，并非化学反应。

因为木炭里的主要成分正是碳，碳具有还原性。在高温条件下，铜锈可以分解生成氧化铜，而碳可以把氧化铜还原成铜。这一过程属于还原反应。

氧化铜

CuO

木炭

铜

二氧化碳

二氧化碳

CO_2

甲烷

CH_4

氧气

水

天然气燃烧

生活中常见的
氧化反应与还原反应

除了铜狮子的除锈，许多日常用品和生活妙招也都是利用了化学反应。比如我们用漂白剂漂白衣服，就是因为次氯酸钠溶解于水中时，会产生次氯酸，次氯酸是一种强氧化剂，染料分子被氧化，变成了白色的化合物，漂白就完成了。

氧化反应和还原反应在我们身边非常常见，期待你能发现更多为我们生活"服务"的化学反应。

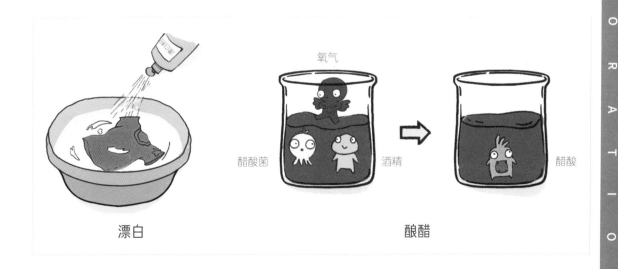

漂白

氧气

醋酸菌   酒精

醋酸

酿醋

生活中的生物技术
——植物组织培养

撰文：一喵师太

随着科技的进步和人们生活水平的提高，人们对于生命健康也越来越有追求，而癌症正成为现代人生命健康的一大威胁。有助于治疗癌症的药物往往蕴含着巨大的经济价值，但这犹如一柄双刃剑，也给一些物种带来了危机。

比如人们发现红豆杉树皮中提取出的一种物质对于治疗癌症有一定作用，于是大量采伐红豆杉。红豆杉本身就数量稀少，而且在自然环境中生长缓慢，所以这一古老的树种很快就到了灭绝的边缘。

能有什么办法保护红豆杉呢？

得益于细胞工程中的植物组织培养技术，红豆杉濒临灭绝的危机得以从根本上扭转。通过植物组织培养和人工保育种植，我国已经建设起了全世界规模最大的红豆杉林场。

上下求索 ● EXPLORATION

▌主编有话说

植物组织培养

植物组织培养是指将从植物身上分离下来的器官、组织或细胞，培养在人工配置好的营养物质里，再给它们提供适宜的培养条件，从而形成完整的植株。

用一片叶子就能培养出成千上万株植物的植物组织培养技术，就像孙悟空吹一撮毫毛就能变出千万个孙悟空一样神奇。除了保护珍稀植物，植物组织培养技术在农业、医药等方面都有广泛应用。

比如 20 世纪 60 年代，荷兰科学家利用植物组织培养技术成功培育出了兰花。今天花卉出口已经成了荷兰的重要产业，带来了可观的收入。中国的园艺工作者也利用组织培养技术培育了许多珍稀的观赏植物，让这些原本非常名贵的花卉也能"飞入寻常百姓家"。

▶延伸知识

植物组织培养过程中，由于种苗在可立体摆放的培养瓶中生长，所占用的空间很小。而且生产可按一定的程序严格执行，生产过程可以微型化、精密化，能更大限度发挥人力、物力和财力，取得很高的生产效率，如在一个 200 平方米的培养室内一年可生产试管苗上百万株。得益于植物组织培养技术这样的优势，仅拥有面积不大的农业用地的荷兰成为世界上重要的花卉出口国。

撰文：一喵师太

要培养动物细胞就要先获得动物细胞。首先从动物体内取出成块的组织，然后把这些组织打散成单个细胞。

这听起来就像榨汁机！

生活中的生物技术 ——动物组织培养

那么，有没有动物细胞培养技术呢，它能怎样"服务"于我们的生活呢？

然后再把细胞放在培养瓶里，并放在适宜的条件中培养。

这话怎么似曾相识……

最后把培养的细胞收集起来，就可以获得相应的动物细胞及其产物啦！

哇！

用动物细胞培养技术构建出来的人造皮肤可以用于皮肤移植。

上下求索 ● EXPLORATION

生活中的消费
——什么是消费者

撰文：陶然

现代人的生活和消费密不可分，各种各样的购物场所、购物节日填满了我们的生活，我们也经常能听到保护消费者权益的说法，以及合理消费的号召，这到底是怎么一回事呢？首先，我们得弄清楚什么是"消费者"。

生活中的消费
——揭秘消费需求

撰文：十九郎

正如前面所说的，消费者为了满足自己或他人的需求买东西，而不是为了赚钱去买东西的人。这里的"需求"指的就是人们在生活中的各种各样的需求。饮食、娱乐、学习……这些都是人的需求，各种不同需求的消费支出在消费总支出中占的比重叫作消费结构。

闷了想要出去玩。

饿了要吃饭。

冷了要穿衣。

这些都是需求。

不过，不同的消费需求属于不同的层次，有人用金字塔的形状来表现它们。

不为生存担忧才有心思去看书、交朋友、发展兴趣爱好等，这是高一些的精神需求。

通常我们要先让自己吃饱穿暖，住在安全的房子里，让自己可以好好活下去，这就是最基本的物质需求。

自我实现

尊重

归属

安全

生存

生活中的消费
——消费与快乐

撰文：孟宸

通过消费，人们获得了心爱的商品，心情也
随之变得愉悦，那么消费是我们生活中的快乐源泉吗？
想象一下这样的场景：一个"小馋鬼"特别馋小笼包，
于是一口气点了 10 笼，吃第一份的时候一定是心满意足，
猜猜看，吃到最后一份的时候他会是什么心情？

没错，吃到这个份儿上，小笼包已经从诱人的美食变成了沉重的负担。这个例子说明，再喜欢的事物也不会永久给人带来快乐，快乐是呈现边际递减的。

主编有话说

边际递减

边际递减是指开始的时候收益值很高，而越到后来收益值就越少。消费带来的快乐也符合边际递减效应：刚开始时满足感很强，随着数量的增加，快乐感越来越弱。尽管人们有着不同的消费偏好，但一种消费的快乐难以持续，所以生活中的消费是多种多样的，同时这也启示我们不要把消费作为快乐的唯一来源。

生活中的消费
——消费就是"买买买"？

撰文：张婉月

主编有话说

社会生产

社会生产是指人们创造物质财富和精神财富的过程，社会生产的目的是满足人们物质文化生活的需要。

消费可不是"买买买"这么简单，社会生产总过程中有生产、分配、交换、消费四个环节，四个环节之间相互联系、相互制约，而消费是社会再生产过程中的一个重要环节，也是最终环节。

所有的生产、运输、销售的过程，最终都是为了消费。

●生产

●运输

●销售

是不是应该消费越多越好呢？

对于社会，消费是生产的动力，企业卖出更多产品，就会扩大生产规模，从而使更多人得到就业机会，对经济的增长作用不可忽视；对于个人和家庭，消费能满足各项生活需求，带来便利、舒适的生活。既然消费有这么多好处，是不是消费越多越好呢？

▶延伸知识

经济学中把投资、消费、出口比喻为拉动国民经济增长的"三驾马车"，在许多发达国家，消费长期稳居这"三驾马车"中的第一驱动力，可见消费对于经济增长的重要意义。

○ 消费

○ 收入

○ 生产

当然不是！我们不鼓励冲动消费和过度消费。

如果冲动消费，买了并不真正需要的商品，会造成很大的浪费；如果过度消费，不但耗尽了收入、积蓄，甚至可能越陷越深，贷款去消费，虽然享受了一时，但未来背负了负担和风险。

但消费也不是越节制越好。如果人们都很少消费，那么生产出来的商品就会普遍滞销，许多行业的劳动者也就无法获得收入，经济运行就会陷入停滞。

生活中的消费
——合理的消费观

撰文：硫克

那到底应该怎样消费呢？

我们应该合理消费。

所以，对于消费，我们既不要冲动过度，也不用过于节制，应该培养合理的消费观。比如我们可以量入为出，适度消费，也就是在消费前制定好预算，划分出各项开支的优先级，根据预算进行选择和取舍。我们可以避免盲从，理性消费，从自己的实际需求出发，不盲目跟风、攀比。我们还可以保护环境，绿色消费，在消费的过程中节约资源、减少污染。

购物清单

▶延伸知识

2022年，国家发展改革委等七部门印发《促进绿色消费实施方案》，明确提出发展绿色消费，增强全民节约意识，反对奢侈浪费和过度消费，形成简约适度、绿色低碳、文明健康的生活方式和消费模式。

生活中的消费
——勾勒自己的消费画像

撰文：硫克

我们可以通过记录消费行为，来勾勒自己的消费画像，从而更理性地消费。

生活中的消费
——保护自己的正当权益

撰文：硫克

消费市场上时常会有损害消费者权益的"陷阱"，面对这些"陷阱"，作为新时代的消费者，我们要敢于斗争、善于斗争。

> 作为一名"资深"的消费者，我在"买买买"的路上可是踩过不少"坑"。尽管多数商家会合法合规地经营，但还是有一些不良商家，试图通过坑蒙拐骗的手段来获利。

缺斤少两

1 kg

> 一个苹果2斤？

以假充真

香萘迹

爱驴仕

绝对正品

虚假宣传

保健品

包治百病
药到病除

诱导消费

正器

欢迎光临

> 除了这些，不良商家的套路还有很多，以后买东西可要多多注意哦！

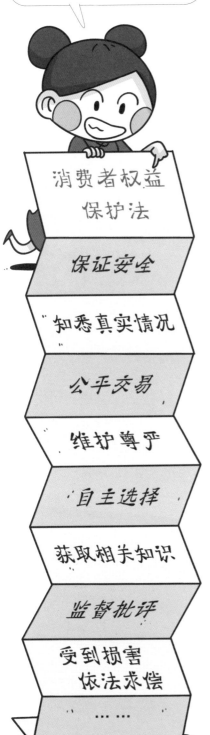

如果真的遇到这些情况也不要慌，作为消费者，我们的权益是受到国家保护的。

消费者权益保护法

保证安全

"知悉真实情况"

公平交易

维护尊严

自主选择

获取相关知识

监督批评

受到损害依法求偿

…………

对不起，货物的来源我不能告诉你……

我有知道真实情况的权利，你得告诉我！

这是我们旅行团特有的低价购买项目，大家必须买东西哦。

我有自主选择权，你不能强制我们进行消费！

如果对方无论如何都不配合你的话，你还可以拨打12315电话求助，用法律保护自己的权益！

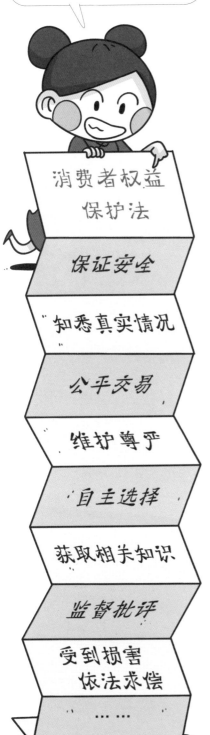

上下求索 ● EXPLORATION

漫画加油站 33

无论是线下商超还是网上平台，今天的商业竞争可以说是越来越激烈。各类商品琳琅满目，新产品层出不穷。为了得到消费者的青睐，商家也在包装、宣传上花了很大工夫。比如一些食品、护理类商品，商家打出了"不含化学成分"的噱头。"化学成分"真的是不好的成分吗？

亓玉田

北京市育才中学化学高级教师，省级优秀教师

"化学成分"是不好的成分吗？

答 首先，这个表述方式就是不成立的。所有分子和原子都是化学物质，而我们身边的事物基本上是由分子或原子组成的，可以说，我们生活在一个化学物质的世界中，身边所有食物都含有化学成分，无论是每天喝的水还是呼吸的空气。从这个意义上来说，水其实也是一种化学物质，所以商家宣称产品"不含化学成分"都是一种违背科学的噱头。我们可以将任何一种食物所含成分进行分解，其中都包含有化学成分，比如一根香蕉可以分解出 50 多种化学成分。

化学成分是否有害，与它的性质与剂量有关。比如氯气是有毒气体，曾被法西斯制成毒气弹，用于侵略战争。但是从 20 世纪初，氯气消毒就被广泛用于自来水处理之中，使得通过生活用水传播的细菌疾病得到了有效控制。我国对自来水消毒剂的含量作出了严格规定，自来水在出厂时的氯含量是 0.05-4mg/L 之间，微乎其微的

剂量在杀死环境水细菌的同时，并不会对人体产生伤害。

所以，完全没必要对化学成分谈之色变。人们一直在利用化学创造更美好的生活：利用化学生产肥料，极大地增加农作物的产量，使我们不再有饥寒的担忧；利用化学合成药物，以抑制细菌和病毒，保障了我们的健康；利用化学开发新能源、新材料，不断改善我们的生活条件。今天，化学知识已经应用于自然科学的各个领域，并与其他学科交叉渗透，产生了如生物化学、地球化学等新学科。化学在我们的生活中早已无处不在，我们应当以更科学的精神来看待、学习化学。

THINKING
头脑风暴

选一选

01 正电荷与负电荷总是（　　）。

A. 相互吸引

B. 相互排斥

02 室外的金属物体容易生锈，这是因为发生了（　　）。

A. 还原反应

B. 氧化反应

03 下列生活现象中属于还原反应的是（　　）。

A. 天然气燃烧

B. 粮食酿造成醋

C. 用漂白剂漂白衣服

04 社会生产总过程的最终环节是（　　）。

A. 消费

B. 生产

C. 分配

05 下列哪种情形不属于消费者（　　）。

A. 给家人选购纪念品的游客

B. 去批发市场进货的零售商

C. 用自己零花钱买玩具的孩子

06 一个完整的化学反应中，还原反应与氧化反应一般是同时存在的，比如用木炭除铜锈的过程里，氧化铜被还原成铜，而碳被氧化成 _____ 。

07 通过 _____ 技术，我们可以将从植物身上分离下来的器官、组织或细胞，培养成完整的植株。

08 食品支出占总支出的比重是" _____ "，可以用来衡量一个家庭的富裕程度或一个社会的发展程度。

09 _____ 是指开始的时候收益值很高，而越到后来收益值就越少。

10 当消费者的合法权益受到损害时，可以拨打 _____ 电话求助。

名词索引

头脑风暴答案

1.A

2.B

3.C

4.A

5.B

6. 二氧化碳

7. 植物组织培养

8. 恩格尔系数

9. 边际递减

10 .12315

致谢

《课后半小时 中国儿童核心素养培养计划》是一套由北京理工大学出版社童书中心课后半小时编辑组编著，全面对标中国学生发展核心素养要求的系列科普丛书，这套丛书的出版离不开内容创作者的支持，感谢米莱知识宇宙的授权。

本册《学会应用 用知识让生活更美好》内容汇编自以下出版作品：

[1]《物理江湖：电大侠请赐教！》，北京理工大学出版社，2022 年出版。

[2]《经济学驾到：消费中的那些事》，电子工业出版社，2022 年出版。

[3]《这就是化学：氧化与还原》，四川教育出版社，2020 年出版。

[4]《这就是生物：生物技术的魔法时刻》，北京理工大学出版社，2022 年出版。

图书在版编目（CIP）数据

学会应用：用知识让生活更美好 / 课后半小时编辑

组编著. -- 北京：北京理工大学出版社，2023.8（2024.1 重印）

ISBN 978-7-5763-1938-5

Ⅰ.①学… Ⅱ.①课… Ⅲ.①生活—知识—少儿读物

Ⅳ.①TS976.3-49

中国版本图书馆CIP数据核字(2022)第242200号

出版发行 / 北京理工大学出版社有限责任公司

社　　址 / 北京市丰台区四合庄路6号

邮　　编 / 100070

电　　话 / （010）82563891（童书出版中心）

网　　址 / http://www.bitpress.com.cn

经　　销 / 全国各地新华书店

印　　刷 / 雅迪云印（天津）科技有限公司

开　　本 / 787毫米 × 1092毫米　1 / 16

印　　张 / 2.5

字　　数 / 70千字　　　　　　　　　　　　　　　　责任编辑 / 徐艳君

版　　次 / 2023年8月第1版　2024年1月第2次印刷　　文案编辑 / 徐艳君

审 图 号 / GS京（2023）1317号　　　　　　　　　　责任校对 / 刘亚男

定　　价 / 30.00元　　　　　　　　　　　　　　　　责任印制 / 王美丽